Stefan Seehagen

Neulandgewinnung an der Nordseeküste

GRIN Verlag

Bibliografische Information der Deutschen Nationalbibliothek:

Die Deutsche Bibliothek verzeichnet diese Publikation in der Deutschen National-
bibliografie; detaillierte bibliografische Daten sind im Internet über http://dnb.d-
nb.de/ abrufbar.

Impressum:

Copyright © 2005 GRIN Verlag GmbH
Druck und Bindung: Books on Demand GmbH, Norderstedt Germany
ISBN: 978-3-656-69888-3

Dieses Buch bei GRIN:

http://www.grin.com/de/e-book/109363/neulandgewinnung-an-der-nordseekueste

Neulandgewinnung an der Nordseeküste

Stefan Seehagen

Inhalt

Karten- und Abbildungsverzeichnis

1 Einführung

Die Siedlungsgeschichte der mitteleuropäischen Nordseeküste ist auf einzigartige Weise mit der stetigen Veränderung dieses Naturraums verbunden. Vor allem die Watt- und Marschgebiete der südlichen Nordsee wurden über Jahrhunderte hinweg von Überflutungen, Rückzugsbewegungen, Landverlusten bzw. Neulandentstehung verändert.

Gegenstand dieser Arbeit ist die Neulandgewinnung an der Nordseeküste, also die anthropogene Umgestaltung des natürlichen Küstenverlaufs. Um diesen Prozess möglichst vollständig darzustellen, wird zunächst das Wattenmeer hinsichtlich seiner Entstehung sowie den daraus resultierenden Gunstfaktoren für die Landgewinnung thematisiert. Die ausführliche Erläuterung der Landgewinnung erfolgt anschließend mit den Beispielen Nordfriesland und der Zuidersee/Niederlande anhand zweier ausgewählter Räume.

2 Das mitteleuropäische Wattenmeer

Folgende Karte zeigt die Ausdehnung des behandelten Raums.

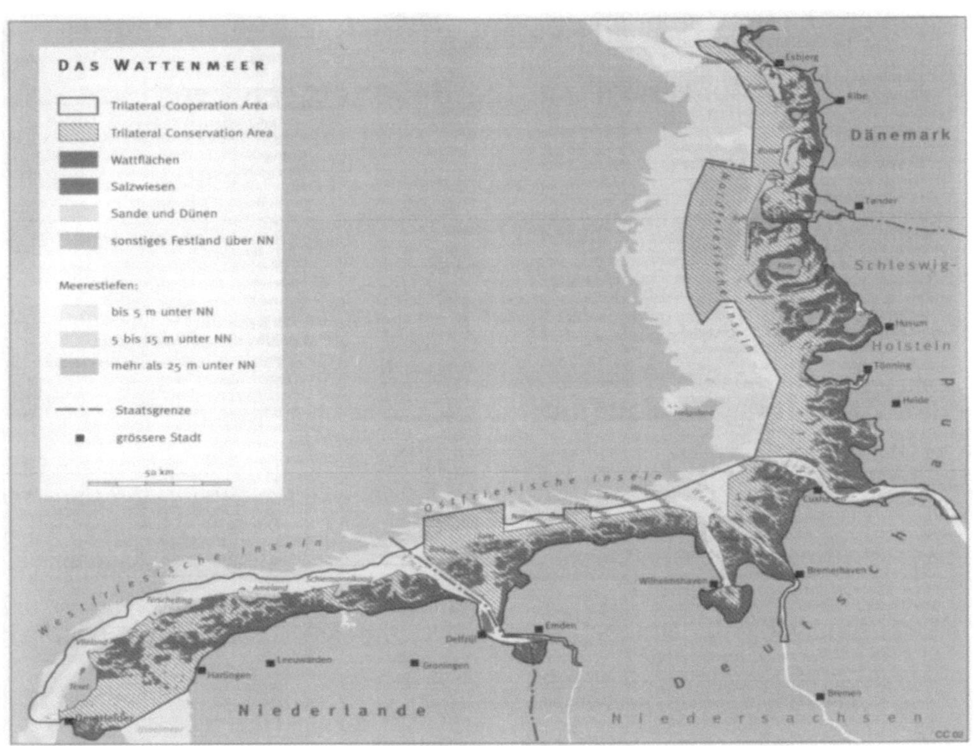

Karte 1: Das Mitteleuropäische Wattenmeer
Quelle: RATTER 2002: 18

Er erstreckt sich auf einer Länge von ca. 750 km von Esbjerg/Dänemark, an der gesamten schleswig-holsteinischen Westküste entlang nach Süden, folgt dann der niedersächsischen Küste Richtung Westen und endet in etwa bei der niederländischen Hafenstadt Den Helder.

Prinzipiell findet im gesamten Bereich des Wattenmeeres Neulandgewinnung statt, jedoch schwankt der Umfang, nicht zuletzt aus Umweltschutzgründen, erheblich. Es bestehen einige natürliche Gunstfaktoren, die eine erfolgreiche Ausdehnung der anthropogenen Kulturlandschaft in ehemalige Wattbereiche überhaupt erst ermöglichen. Diese resultieren aus der Entstehungsgeschichte des Wattenmeeres, die nun in groben Zügen beschrieben wird.

2.1 Entstehung des Wattenmeeres

Das Wattenmeer der Nordsee gilt als Prototyp einer Wattlandschaft. Es handelt sich um eine Gezeitenküste, also ein temporär wasserbedecktes Land, das zweimal täglich mit den Gezeiten überflutet wird und wieder trocken fällt (vgl. LESER 2001: 987). Die entscheidende Rolle bei der Küstenformung des flachen Schelfmeeres Nordsee und damit der Wattlandschaft waren die Klimaveränderungen im Quartär, also in etwa innerhalb der vergangenen 2 Mio. Jahre. Durch die Vergletscherungen des Pleistozäns und Holozäns wurden dem Meer enorme Wassermengen entzogen und in Form von Eis auf dem Land abgelagert. So lag der Meeresspiegel zur Saale- bzw. Weichsel-Vereisung, also den letzten beiden Kaltzeiten, um 100-120 m unterhalb des heutigen Niveaus (vgl. POTT 2003: 40). Das Inlandeis bedeckte die flachen Bereiche des Randmeeres und hinterließ bei seinem Rückzug mit den einsetzenden Warmzeiten große Mengen an Ton, Sand und Kies. Dieser so genannte Geschiebemergel aus der Saale-Vereisung tritt auch heute noch stellenweise an die Wattoberfläche. Die Gletschermassen der jüngsten Vereisung, der Weichsel-Eiszeit, hatten etwas geringere Ausmaße, wodurch sich im Bereich der Nordsee ein riesiger Schmelzwasserstausee bildete, der durch Themse- und Humber-Urstom im Nordwesten und Elbe- und Weser-Urstrom im Südosten sowie durch den Rhein gespeist wurde. Vor allem im Eem-Interglazial kam es zur Bildung von Beckentonen und so genannten Flugdecksanden, einer mehrere Meter mächtigen Sandschicht. Diese findet sich heute überall im Watt, ist jedoch meist von jüngeren Ablagerungen überdeckt (vgl. DOLDER 1985: 28). Nach Abschmelzen der letzten Gletscher strömte das Wasser wieder in die Nordsee, so dass wieder der voreiszeitliche Wasserstand erreicht wurde. Die Gezeitenwellen verliefen in nordsüdlicher und – etwas schwächer – in westöstlicher Richtung, was in Verbindung mit dem steigenden Wasserspiegel zu erheblichem Sandtransport und damit zu Umlagerungen und ständigen

Veränderungen des Meeresbodens führte. Durch die auf die Küste gerichtete Strömung wurden die Sandmassen immer weiter aufgeschoben, wodurch vor ca. 5000 Jahren die ersten Strandwälle und über die Hochwasserlinien herausragenden Sandbänke entstanden. Windverwehungen ließen Dünen und schließlich Inseln wie Borkum, Amrum oder Sylt entstehen. Aufgrund des weiter steigenden Meerespiegels und des feuchter werdenden Klimas wurden die ins Meer mündenden Flüsse zurück gestaut, was zu großflächigen Moorbildungen führte. Das weiter ansteigende Meer überflutete jedoch auch diese Moorlandschaft, und eine Wattlandschaft weit größeren Ausmaßes als heute entstand. Allein im Boreal, also im Zeitraum der letzten 8000 Jahre kam es zu einer Vielzahl von Transgressions- und Regressions-, also Überflutungs- und Rückzugsphasen. Daraus resultieren unterschiedliche Ablagerungsfolgen und –Horizonte im Watt, teils durch Süß-, teils durch Salzwasserablagerungen. Dieser Wechsel dauerte bis ins hohe Mittelalter an, wobei durch den Abtrag der Moore und die gleichzeitige Akkumulation an anderer Stelle hochwasserfreie Bereiche entstanden, die nur noch gelegentlich überflutet wurden. Diese so genannten Marschen sind von ursprünglicher Salzvegetation bedeckt und spielen für Besiedlung und für die Neulandgewinnung eine große Rolle, wie später noch gezeigt wird. Zusammenfassend lässt sich festhalten, dass für die Entstehung des Wattenmeeres in seiner heutigen Form mehrere wichtige Bedingungen erfüllt waren: Neben der gesicherten Zufuhr von Feinmaterial und einem Tidenhub von mehreren Metern sind das die Inseln als Brandungsschutz, ein flach abfallender Meeresboden, Flüsse mit Trichtermündungen sowie ein flaches Hinterland (vgl. BEHRE 1995: 228)

Diese Gegebenheiten führten einerseits zu natürlicher Landentstehung, andererseits jedoch zu enormen Landverlusten infolge verheerender Sturmfluten, denen teilweise ganze Küstenstreifen inklusive Siedlungen zum Opfer fielen. Bis zum 11. Jh. wurde der Küstenverlauf allein durch die natürlichen Kräfte geprägt, bevor der einsetzende Deichbau die Küste nachhaltig veränderte.

2.2 Landverluste und –Gewinne seit dem Mittelalter

Mit dem Bau der ersten Deiche im 11. Jh. wurden erstmals ganze Siedlungsgebiete vor dem Meer geschützt. Bis dato bestand in der Anlage so genannter Wurthen die einzige Möglichkeit des Schutzes. Unter einer Wurth ist ein künstlich aufgeschütteter Erdhügel zu verstehen, der im Marschenland die darauf befindliche Siedlung vor Hochwasser und Sturmfluten schützen soll (vgl. LESER 2001: 1009). Die beginnende Deichkonstruktion stellte nun eine erhebliche Verbesserung des Schutzes dar. Die ersten Deiche wurden als Ringdeiche um einzelne Ortschaften herum angelegt. Nach und nach wurden die Schutzwälle jedoch immer weiter erhöht und miteinander verbunden. Der erste zusammenhängende Ringdeich, der auch vor einer Wintersturmflut Schutz bot, wurde im 13. Jh. als „Goldener Ring" fertig gestellt (vgl. BEHRE 1987: 35). Der voranschreitende Deichbau führte jedoch an der gesamten Küste zu einer Einschränkung des Überflutungsraums, so dass der Wasserauflauf bei Sturmfluten immer höher wurde. Als begleitende Maßnahme wurden die nun vom Meer abgeschnittenen Marschen bzw. Sietländer entwässert, was zur Austrocknung des Torfs (vgl. Kap. 2.1) und damit zum Absacken des Bodens führte. Durchbrach nun eine große Sturmflut einen Deich, war das in die tief liegenden Hinterländer eingedrungene Wasser nicht mehr herauszubringen. So entstanden seit dem Mittelalter in Niedersachsen Jadebusen, Dollart und Leybucht. Die größten Landverluste gab es in Nordfriesland, wo zwischen dem 14. und 17. Jh. mehrere große Sturmfluten ganze Ortschaften untergehen ließen, die wohl bekannteste ist die Stadt Rungholt. Insgesamt wurde in der Küstenregion die Bilanz ab dem 15. Jh. zunehmend positiver, was in erster Linie einer verbesserten Technik zu verdanken war (vgl. BEHRE 1995: 234). Wie die Neulandgewinnung im einzelnen ablief bzw. heute abläuft, ist in den nächsten Abschnitten erläutert. Aufgrund der unterschiedlichen Vorgehensweise und der nicht vergleichbaren Dimensionen wird die Landgewinnung in den Niederlanden separat betrachtet.

3 Neulandgewinnung in Friesland

In der Nordsee sind zwei unterschiedliche Typen der Landgewinnung zu unterscheiden. Das Ergebnis ist zwar in beiden Fällen die Entstehung neuer Nutzflächen für Landwirtschaft und die Anlage von Siedlungen, die Vorgehensweise ist jedoch eine andere.

3.1 Vorgehensweise

In Friesland dominiert das Anlegen so genannter Köge. Hierzu werden Buhnen und Lahnungen immer weiter ins Meer hinaus gebaut, zwischen denen sich dann das Neuland oder Vorland bildet. Eine Buhne ist ein senkrecht zum Strand ins Meer laufendes Bauwerk, das meist aus Holz oder Stein besteht. Sie dient vor allem der Abschwächung der Brandung und der Küstenströmung (vgl. LESER 2001: 561). Die eigentliche Landgewinnung geschieht mit Hilfe der Lahnungen. Hierzu werden zwei Reihen von Nadelholzpflöcken tief in den Boden gerammt, der Zwischenbereich wird mit Reisigbündeln aufgefüllt. Die ca. 80 x 80 m großen Felder werden nun vom auflaufenden Wasser überspült. In den Lahnungen beruhigt sich das Wasser sehr schnell, so dass sich die mitgeführten Sedimente verstärkt ablagern können. Die Reisigbündel verhindern bei abfließendem Wasser dass der abgelagerte Schlick wieder mitgerissen wird. Erreicht der Meeresboden die Fluthöhe, werden Gräben ausgehoben und der Schlick zur weiteren Erhöhung auf dem Land verteilt. In den Gräben können sich nun wieder verstärkt Sedimente ablagern. Dies führt zu einer starken Beschleunigung der Landentstehung und begünstigt die Gewinnung hochliegender und flacher Gezeitenareale vor bedeichten wie vor unbedeichten Küsten. Neben der sukzessiven Neulandgewinnung dient dies auch dem Küstenschutz, da die Brandungsenergie auf dem flachen Vorland stark gemindert ist, und auch im Falle einer Sturmflut eine geringere Gefahr der Überflutung der Marsch besteht (vgl. KELLETAT 1999: 194).

Sobald das Vorland eine ausreichende Höhe erlangt hat und über der mittleren Hochwasserlinie liegt, wird es eingedeicht. Die neu gewonnen Flächen müssen zunächst entwässert werden, was zu Beginn der Küstenschutzmaßnahmen vor vielen Jahrhunderten problematisch war, seit der Erfindung der Dampfmaschine aber keine Schwierigkeit mehr darstellt. Anschließend dient das Neuland – gerade in Friesland – vor allem der Acker- und Grünlandnutzung. Während früher die Neulandgewinnung im Vordergrund der Bemühungen stand, dienen die Maßnahmen in Friesland innerhalb der letzten Jahrzehnte vorwiegend dem Küstenschutz (vgl. DOLDER 1985: 119).

3.2 Beispiel: Das südliche Dithmarschen

Landgewinnungsaktivitäten und Küstenschutzmaßnahmen finden, wie bereits in der Einleitung erwähnt, im gesamten Bereich der deutschen Nordseeküste. Allerdings sind durch die Einrichtung der drei Nationalparke Schleswig-Holsteinisches Wattenmeer, Hamburgisches Wattenmeer und Nationalpark Niedersächsisches Wattenmeer kaum noch aktuelle und neue Projekte durchführbar. Bis auf nötige Maßnahmen wie z.B. die Befestigung der Seeseiten der Inseln – in ganz besonderem Maße betrifft dies die Insel Sylt – sind Veränderungen des natürlichen Küstenverlaufs verboten (vgl. (RATTER 2002: 18). Die Maßnahmen der vergangenen Jahrhunderte sind jedoch auch heute gut erkennbar. Anhand unten stehender Karte wird der sukzessive Landgewinnungsprozess verdeutlichet. Die Marsch lässt sich grob gliedern in das ältere Maschland bzw. Sietland östlich der nord-südlich verlaufenden Bundesstraße 5, sowie die jüngere und höher gelegene Marsch westlich dieser Achse. Die oben beschriebene erste Maßnahme des Küstenschutzes bzw. der Landgewinnung in Form des Aufwerfens von Hügeln zu Wurthen ist entlang der B5 zu erkennen. Die Ortsnamen Darenwurth, Trennewurth oder Busenwurth lassen auf ehemalige Wurthen schließen, die im 11. Jh. durch den ersten Deich miteinander verbunden wurden, dessen Verlauf die heutige Bundesstraße entspricht. Die Erschließung des anschließend trockengelegten Sietlandes erfolgte in genossenschaftlicher Zusammenarbeit mehrerer Familien, worauf die Ortsnamen mit Endung –husen hindeuten (vgl. TIEDEMANN u. WEBER 1996: 14).

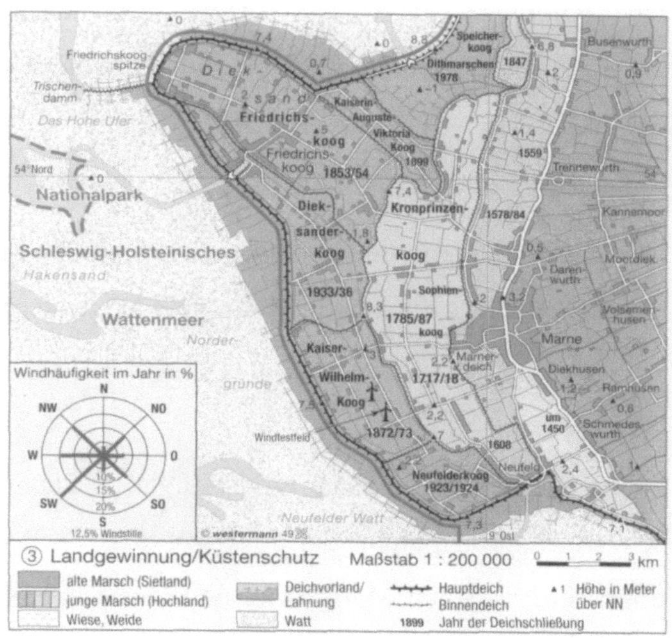

Karte 2: Landgewinnung/Küstenschutz im südlichen Dithmarschen
Quelle: DIERCKE Weltatlas 1988: 26

In der Folge wurde der Hauptdeich immer weiter nach Westen verlegt, wobei die letzte Deichschließung (Speicherkoog Dithmarschen) im Jahre 1978 bereits auf ein Ende weiterer Ausdehnungen ins Watt aufgrund der Nationalparkbestimmungen hindeutet. Nahezu im gesamten Küstenabschnitt sind vorgelagerte Lahnungen zu erkennen, welche jedoch ausschließlich dem passiven Küstenschutz dienen.

Die beschriebenen Maßnahmen, die beispielhaft für die gesamte friesische Küste stehen, sind im Vergleich zu den Methoden und dem Ausmaß der niederländischen Neulandgewinnung als relativ naturnah zu bezeichnen. Die Voraussetzungen und die Ziele in den Niederlanden unterscheiden sich in vielerlei Hinsicht von denen in Friesland.

4 Neulandgewinnung in der Niederlanden

Die Neulandgewinnung an der niederländischen Nordseeküste unterscheidet sich hinsichtlich der Vorgehensweise, vor allem aber im Umfang der einzelnen Projekte vom oben beschriebenen Küstenschutz und der Landgewinnung in Friesland.

Die Niederlande gelten mit einer Einwohnerdichte von 380 je km² (Stand 1999) als eines der dichtestbevölkerten Länder der Erde (vgl. MEIJER 1996b: 3). Gleichzeitig liegen etwa 20% der Landesfläche unterhalb des Meeresspiegels. Bei Versagen aller Deiche und gleichzeitigem Rückstau der Flüsse im Falle einer Flut würden ca. 50% der Niederlande überschwemmt. Diese besondere Situation führte besonders im 20. Jh. zu enormen Anstrengungen die vorhandenen Landflächen zu vergrößern (vgl. NEUHOFF 1972: 5).

Zunächst wird nun allgemein die niederländische Methode der Neulandgewinnung erläutert, bevor anhand der Zuiderzee ein konkretes Beispiel herausgegriffen wird.

4.1 Vorgehensweise

Zur Neulandgewinnung werden so genannte Polder angelegt. Dazu zieht man im Bereich flachen Wassers einen Deich, und pumpt das abgetrennte Becken anschließend leer. Im Gegensatz zu dem oben beschriebenen Marschland der friesischen Köge befindet sich das Polderland somit unterhalb des Meeresspiegels (vgl. LESER 2001: 561). In großem Umfang ist dies erst mit der voranschreitenden technischen Entwicklung wasserschöpfender Windmühlen im 16. Jh. möglich geworden. Mit der Erfindung von Dampfschöpfwerken im 19. Jh. ließen sich immer größere und tiefer gelegene Bereiche trocken legen, bevor im 20. Jh. mit Hilfe von elektrischen und Diesel betriebenen Pumpwerken Gebiete von mehreren hundert km² entwässert werden konnten. Auf diese Weise wurde z.B. das 18000 ha große Haarlemmermeer im Südwesten von Amsterdam trockengelegt, in dessen 4,5 m unter NN gelegenen Bereich sich heute der Flughafen Schiphol befindet (vgl. MEIJER 1996a: 141).

Unten stehende Abbildung zeigt ein Schema der niederländischen Küste im Bereich künstlicher Landgewinnung. Der ansteigende Meeresspiegel und das Absacken der trockengelegten ehemaligen Meeresbereiche führen zu einer immer höheren Lage der neu eingedeichten Polder. Auf diese Weise entsteht eine so genannte Poldertreppe zwischen Geest, also dem eher unfruchtbaren Moränen bzw. Sanderland, und dem Vorland des aktuellen Deichs.

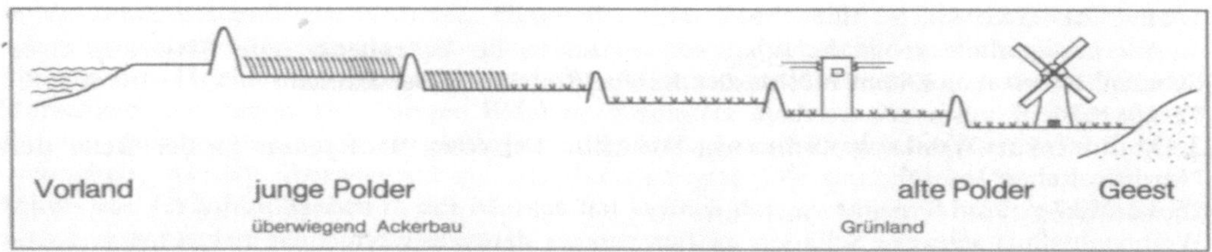

Abbildung 4.1: Schema einer Poldertreppe

Quelle: BEHRE 1995: 234

4.2 Beispiel: Das Zuiderzee-Projekt

Die Abschließung vom Meer und die anschließende Teilweise Trockenlegung der Zuiderzee stellen das bisher größte Landgewinnungsprojekt der niederländischen Geschichte dar. Die vier trockengelegten Polder des heutigen IJsselmeeres umfassen eine Gesamtfläche von 1650 km². Folgender Kartenausschnitt zeigt die Dimension der Maßnahmen sowie den zeitlichen Verlauf.

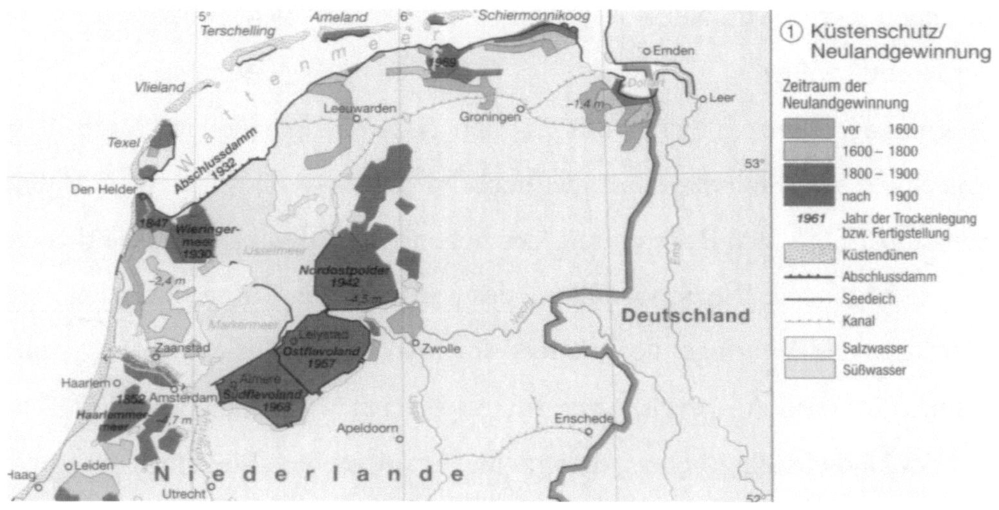

Karte 3: Küstenschutz/Landgewinnung in den Niederlanden

Quelle: DIERCKE Weltatlas 1988: 87 (Ausschnitt)

Zu Beginn des Projekts wurde im Norden ein ca. 30 km langer Deich angelegt, die Fertigstellung erfolgte im Jahr 1932. Damit war die Zuiderzee vom Wattenmeer getrennt, und begann langsam auszusüßen. Damit waren bereits zwei der drei Hauptziele des nach dem Ingenieur Dr. Cornelis Lely benannten Plans erfüllt, nämlich der aktive Küstenschutz sowie die Entstehung eines Süßwasserreservoirs. Das Trockenlegen der vier Polder diente dem dritten Ziel, der Ausweitung der agrarischen Nutzfläche und der Verringerung des Bevölkerungsdrucks auf dem Agrarsektor (vgl. NEUHOFF 1972: 15).

a) Der Wieringermeerpolder

Hinsichtlich der wasserbautechnischen Herausforderungen beim Trockenlegen des ersten Polders im Jahr 1930 konnte auf reichlich Erfahrung sowie auf ein eigens dafür durchgeführtes Experiment auf einem 40 ha großen Versuchspolder zurückgegriffen werden. Der ehemalige Meeresbereich wurde mittels einer Vielzahl in den Untergrund gebaggerter Kanäle trockengelegt. Dieses 240 km umfassende Kanalnetz leitete das Wasser zu den Diesel- bzw. Strombetriebenen Pumpwerken, und sollte später gleichzeitig als Schifffahrtsnetz im neuen Polder dienen. Neben diesen Hauptkanälen wurde ein Grabensystem von ca. 14.000 km Gesamtlänge in dem Polderbereich angelegt. Diese 60 cm tiefen Entwässerungsgräben befanden sich jeweils 10 – 30 m von einander entfernt und leiteten das abzupumpende Wasser in die Kanäle. Die leicht nach Südosten geneigte Fläche fiel nach und nach trocken und galt am 21.08.1930 nach sechsmonatigem Pumpen als neu gewonnenes Land, das in den folgenden Jahren durch Parzellierung, die zeitweise Einrichtung eines Staatsbetriebs und die anschließende Verpachtung in Agrarland umgewandelt wurde (vgl. NEUHOFF 1972: 19ff.).

b) Der Nordostpolder

Bei Beginn der Trockenlegung des zweiten Ijsselmeerpolders im Jahre 1936 war die Urbarmachung des Wieringermeeres noch nicht abgeschlossen. Die Maßnahme war durchaus umstritten, zur Bekämpfung der hohen Arbeitslosigkeit wurde dennoch mit der Umsetzung begonnen. Die Fertigstellung des 65 km langen Ringdeiches, des Kanalsystems nach Vorbild des Wieringermeerpolders sowie das anschließende Auspumpen nahmen insgesamt 6 Jahre in Anspruch. Nach der erfolgreichen Trockenlegung 1942 wurde auch hier mit der landwirtschaftlichen Nutzung und er Anlage von Siedlungsgebieten begonnen.

c) Die Polder Ost- und Südflevoland

Die Erschließung der beiden letzten Polder lief nach dem bekannten Schema ab, allerdings wurden die Dimensionen immer größer. Allein Ostflevoland umfasst eine Fläche von 54000 ha und besteht zu 96% aus fruchtbarem Ackerboden. So konnte das Ziel der Ausweitung der agrarischen Nutzfläche erreicht werden, darüber hinaus finden sich gerade auf den jüngsten Poldern einige Wald- und damit Erholungsgebiete, sowie mit den neu angelegten Siedlungen Entlastungsräume für die dicht besiedelten Ballungsräume im Westen und Südwesten des Ijsselmeeres (NEUHOFF 1972: 106).

Die ursprünglichen Planungen sahen noch einen weiteren Polder nördlich von Südflevoland vor, nach langer Diskussion wurde im Jahre 1991 allerdings eine endgültige Entscheidung gegen die Einpolderung Maarkerwaards (vgl. Karte 3) getroffen. Mit dem betriebenen Aufwand und der neu entstandenen Nutzfläche stellen die Polder in der ehemaligen Zuiderzee sicher ein eindrucksvolles Beispiel der Neulandgewinnung an der Nordseeküste dar.

4.3 Die Zukunft der Landgewinnung: Bauen mit der Natur

Nach dem der Naturschutz mehr und mehr ins öffentliche Interesse gerückt ist, und Pläne wie die vollständige Einpolderung des niederländischen Wattenmeeres endgültig verworfen wurden, stellt sich die Frage nach zukünftigen Landgewinnungsmaßnahmen. Ziel muss dabei die naturnahe Schaffung neuer Nutzflächen sein, ohne den einzigartigen Naturraum Wattenmeer zu gefährden oder zu zerstören. Das impliziert bereits einen viel kleineren Rahmen der Projekte und eine angepasste Vorgehensweise. Eine praktizierte Methode ist z.B. die Sandaufspülung und damit die Veränderung der Küstenform dahingehend, dass durch Einwirkung von Brandung und Wind ein Gleichgewichtszustand bzw. Neuland entsteht. Auch die Nutzung der natürlichen Meeresströmung längs der Küste zählt zu diesen naturnahen Maßnahmen. Hierzu wird eine Hafenmole senkrecht zum Strand ins Meer gebaut, der Küstenlängstransport sorgt dann für eine Ablagerung des Schlicks, so dass ein dreieckiges Neulandgebiet entsteht. Problematisch kann hier allerdings die Lee-Erosion sein, so dass es partiell statt Neulandentstehung zu Landverlusten kommen kann, insbesondere bei fehlendem Materialnachschub beispielsweise aus größeren Flüssen. Des weiteren muss der Abstand der einzelnen Buhnen genau berechnet sein, da sonst ebenfalls der Netto-Abtrag überwiegt (vgl. STRAHLER u. STRAHLER 1999: 445).   Für diese Vorgehensweise gibt es eine Reihe von Beispielen in den Niederlanden, es bestehen auch Planungen für ein größeres Projekt zwischen Scheveningen und Hoek van Holland in der Provinz Südholland. Hier besteht die Möglichkeit auf einem Küstenabschnitt von 20 km Länge etwa 3000 ha Neuland zu gewinnen, und damit eine Entlastung für die südliche Randstad Holland. Welche Projekte wirklich umgesetzt werden bleibt abzuwarten, sicher ist nur die Abkehr von aufwendigen Großobjekten. Die Zukunft der Landgewinnung, deren Grenzen ja seit geraumer Zeit nicht mehr technischer Natur sind, liegt eher in einer Kombination mit dem Küstenschutz, und wird als ein Ausgleich zwischen Naturschutz und wirtschaftlichem Interesse als integrale Küstenbewirtschaftung betrieben (vgl. IDG 2005).

5   Schlussbetrachtung

Die Darstellung der Neulandgewinnung an der Nordseeküste zeigt, in welchem Ausmaß der Mensch in natürliche Systeme eingreift und diese zu seinen Nutzen umgestaltet. Immer höhere Deichbauten aufgrund des Meeresspiegelanstiegs, Sperrwerke und Dammbauten, die den freien Austausch von Wasser, Sediment und Lebewesen verhindern, Vorlandgewinnung zum Deichschutz, die Verfelsung ganzer Insel- und Küstenabschnitte mittels Betonmauern und natürlich die Trockenlegung großflächiger Gebiete haben den natürlichen Küstenverlauf nachhaltig verändert (vgl. KELLETAT 1999: 217).

Der Konflikt zwischen Naturschutz und wirtschaftlicher Nutzung zeigt sich in der Nordsee ganz besonders. Insbesondere die Hafenstandorte wie Rotterdam, Bremerhaven oder Hamburg mit ihrer Verkehrs- und Industrieinfrastruktur sind hier ein eindrucksvolles Beispiel. Förderung strukturschwacher Räume durch Ausbau der Häfen und insbesondere der Fahrtrinnen darf jedoch nicht das Gleichgewicht des Wattenmeeres und der gesamten Nordsee gefährden. Die Einmaligkeit und der damit verbundene Schutz dieses Ökosystems sollten nicht als Belastung und Entwicklungshemmung, sondern als langfristig wertvoller und wichtiger Standortfaktor der Region erkannt werden (vgl. DOLDER 1985: 124).

Um die Küstenlandschaft in ihrem Gesamtbild zu erhalten, und somit ihre Attraktivität hinsichtlich des Tourismus und der damit verbundenen ökonomischen Effekte zu sichern, sind weiterhin anthropogene Eingriffe nötig. Die sanfte Neulandgewinnung (vgl. Kap. 4.3) oder der langsame Aufbau von Vorland zum Deichschutz mittels Lahnungen ist sowohl unumgänglich für den Schutz von Siedlungen, als auch ein fester Bestandteil der Kulturlandschaft an der Nordseeküste.

Literatur

BEHRE, K E. (1995): „Die deutsche Nordseeküste." In: Liedtke, H. u. Marcinek, J. (Hrsg): *Physische Geographie Deutschlands*. Gotha.

BEHRE, K.-E. (1987): *Meeresspiegelbewegungen und Siedlungsgeschichte in den Nordmarschen*. (=Vorträge der Oldenburgischen Landschaft, Heft 16)

DOLDER, W. (1985): *Lebensraum Nordseeküste und das Wattenmeer*. Oldenburg.

IDG (Informations- und Dokumentationszentrum für die Geographie der Niederlande) (1999): *Die Niederlande 1964-1999* (= idg-newsletter, 1999). URL: http://knag.frw.ruu.nl/ news99d.pdf (Abrufdatum 07.05.2005)

KELLETAT, D. (1999): *Physische Geographie der Meere und Küsten*. Stuttgart – Leipzig.

LESER, H. (Hrsg.) (2001): *DIERCKE Wörterbuch Allgemeine Geographie*. München.

MEIJER, H. (1996a): „Niederlande – Küstenschutz/Neulandgewinnung" In: DORNBUSCH, J. u. KÄMMER, H.-J. (Hrsg.): *DIERCKE Handbuch*. Braunschweig, S. 141

MEIJER, H. (1996b): *Die Niederlande und das Wasser* (= IDG (Informations- und Dokumentationszentrum für die Geographie der Niederlande) Bulletin, 1995/96). URL: http://www.knag.nl/english/index.html (Abrufdatum 25.04.2005)

NEUHOFF, K-E. (1972): *Planung und Kulturlandschaftsentwicklung in jungen Landerschließungsgebieten der Niederlande*. Bonn.

OTT, J. (1996): *Meereskunde*. Stuttgart.

POTT, R. (2003): *Die Nordsee. Eine Natur- und Kulturgeschichte*. München.

RATTER, B. (2002): „Bevölkerungsbeteiligung und Umweltschutz im Wattenmeer." In *Geographische Rundschau* 54, Heft 12, S. 16-20

RDIJ (MINISTERIE VAN VERKEER EN WATERSTAAT) (2005): „RWS Ijssselmeergebied" URL: http://www.rdij.nl/rdij/index_du.htm (Abrufdatum 25.04.2005)

SCHRAMM, I. (2005): *Kampf gegen das Wasser – (k)ein alter Hut.* URL: http://www.uni-muenster.de/HausDerNiederlande/Zentrum/Projekte/NiederlandeNet/NL-Info/40-40/index.html (Abrufdatum 25.04.2005)

STRAHLER, A. H. u. STRAHLER A.N. (1999): *Physische Geographie.* München

TIEDEMANN, D u. WEBER, K.M. (1996): „Landgewinnung/Küstenschutz" In: DORNBUSCH, J. u. KÄMMER, H.-J. (Hrsg.): *DIERCKE Handbuch.* Braunschweig, S. 14